家庭园林的
设计与布置

彼得·杨克　著
李安　译

北 京 出 版 集 团
北京美术摄影出版社

家庭园林的设计与布置

彼得·杨克生于杜塞尔多夫附近的希尔登，成长在一个充溢着灌木、插花和盆景的园林家庭。他 20 岁就成为了一名成功的年轻企业家，并在两年后接管了家族企业。2003 年至 2004 年，他在英国埃塞克斯与贝丝·查多（*Beth Chatto*）合作，工作中他游历了世界各地，每到一处都学习当地的植物知识。2006 年，他用 3000 种不同的植物布置了属于自己的 1.4 公顷的园林帝国。2008 年 4 月扬克接管了海伦·巴拉德（*Helen Ballard*）和基色拉·史米曼（*Gisela Schmiemann*）手中著名的圣诞玫瑰属收藏室。除了一家园林设计工作室以外，他还经营着一个专门种植稀有品种和野生植物的灌木苗圃，近些年也为一些报纸和园林专业杂志撰写专题文章。彼得·杨克因此也成为了撰写园艺设计著作的畅销书作家之一。

前言

家庭园林　精美的庭院应该是什么样子？ 对于这个问题，不同时代的庭院有着不同的答案。就像其他富有创新的生活领域一样，园林空间设计也会跟随着潮流变化而变化。

现在人们居住的房间越来越大，园林面积却越来越小。房屋内部空间和外部空间的比例关系明显偏向内部空间。这样就要求在园林设计时，有精密的方案、周密的设计和一个明确的风格。只有这样才能使家庭园林成为自由天空之下活跃的生活空间，起到从房屋内向外扩展的作用。

如今面对着技术和风格的多样性，人们很容易失去选择方向。对于家庭园林来说，无论什么风格样式，都是可以针对装饰性和实用性进行优化的。当然创造一个完美的家庭园林也需要细心规划和细致实施。借此机会，我很高兴能够在这本书中为您介绍富有创新性和可行性的家庭园林，书中的例子都是我在国内外园林作品中精选出来的。

对于完美园林，每个人的诠释是不一样的。那么就在有限的空间中让您理想中的园林风格成为现实吧！

目录

家庭园林的平面设计

家庭园林的平面设计 园林空间氛围的好坏及人们对其大小的感知度都取决于园林的平面设计。空间越小，就要更加注意对其形式、面积及高度进行综合考虑。一个优美的园林会使人们忘记其大小。因为园林是一个可以塑造的三维空间，并且可以通过优化在视觉上加以扩大，所以说园林的平面设计也是空间设计，特别是在小面积的空间中必须将高度差设计在内。这样设计的同时，也会出现由于三维空间的复杂影响而产生的设计难度，从而影响园林设计的质量。材料及植物的选择也是园林平面设计的重要组成部分。不同的材料和植物，会使同一块园林产生不同的视觉效果。

在以下的章节中将为您介绍多种优化园林平面设计的方法，这些方法虽然看上去不同，但是出发点是一样的：充分利用有限空间，激活园林自身拥有的特点，并将其融入到整个园林设计中。

观景房间 这个花园的平面是结合客厅方案而设计的。就像室内房间布局一样，这个有限的外部空间被分成多个独立的空间。空间的分隔运用了不同的方法：常青藤和灰色的石笼墙将花园分隔成了不同的单元，长满绿色紫藤的镀锌钢架通过高差将花园划分成为三维空间，从而也将通道区域划分了出来。此外还在每个区域地面边缘做了标记，每个区域都有着明显而独立的功能。带有天然石材的宽边长方形水池使整个花园氛围变得轻松。水通过3个不锈钢管流入另一个独立的水池，传出水花飞溅的声音。同样的天然石材也被用于制作台阶，拜访者通过台阶来到由铝合金椅子和柚木桌子组成的休息区。主人在这里有足够的空间用来招待客人，或独自在这个绿色空间中工作。

这样分隔的花园会使人流连忘返。休息区后边明亮
的半透明玻璃钢材料隔断从视觉上放大了狭小的空间。

假山　有些花园的主人喜欢在平整的土地上建造高低起伏的场景，而有些人却不得不面对花园中自然存在的高低落差。这个例子中的花园本来就有着错落的地形，为了不让人有一种在山脚下的感觉，除了使用一些精致讲究的装饰，同时也需要完美的手工工艺。在存在落差地形的园林中，设计质量和技术工艺都是至关重要的。这个例子充分展示了这一重要性，整个花园被设计得极具空间性，斜面设计的平台使得外部空间不再显得沉闷。

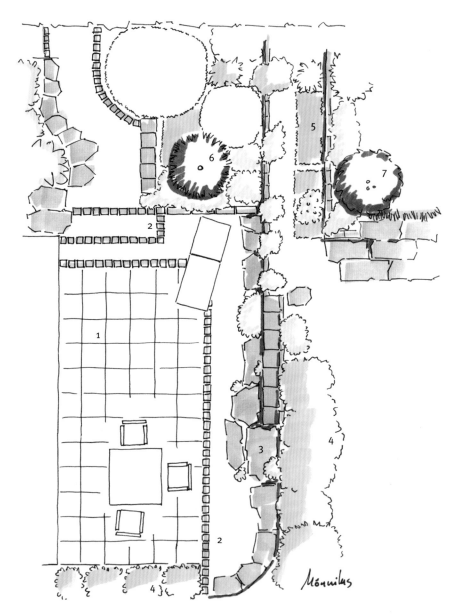

1 和建筑风格相符的天然石板   5 修剪成型的黄杨

2 大方砖围成的圈   6 山毛榉

3 大型多边石作为台阶   7 鸡爪槭

4 薰衣草区

天然石材代替艺术石材

石材高密度的本质，使其成为了园林中最能体现高度差的材料，同样也存在材料与工艺的不同。最昂贵且最自然的方案就是采用天然石材。一块具有上千年历史的石材，其质地、颜色和形状都是独一无二的。一堵层次感分明的灰岗岩石墙体现出了园林中的参差错落。采用高超的工艺，不需要额外的混凝土或者填充物，只需一种材料就达到了美化的目的。原本狭小的空间经过改造（平台与对面的斜面），再加上适当的植物装点，变得格外温馨、和谐。

对于一个面积较小，又处在斜坡地势的花园来说，应尽可能多地设计平面元素。阶梯状，且种有植物的平台会使人感觉空间变大，也可以使坡度的影响变小。根据所使用的材料和工艺的不同，效果也会有所不同。由于石材随着时间的推移产生不同的变化，需要设计者将这一变化融入到建筑和工艺设计中。在这个例子中，花园中蓝色石材的休息平台和主体房屋一样充满了现代的气息。边上设置的多边形玄武岩石块不仅起到了台阶的作用，还将这个狭小空间中直线结构线条隐蔽了起来。最底层的地面铺上了小石块，分割出了一块可使用区域，在视觉上给人一种过渡区的感觉。垫状灌木、薰衣草和黄杨使斜坡地面变得生动。阳光可以直接通过两株稀松的大树，使花园采光不会太暗。

家具 室外平台上的家具如果与花园风格一致，那么也会起到装饰的作用。

尽善尽美 除了技术手段外，您也可以使用目的明确的材料来装扮有垂直落差感的小花园。如适合生在斜坡上的植物，垫状灌木和矮树丛都是不错的选择。

小建议

您可以将建筑和科技元素与匹配的植物结合起来，创造和谐的氛围。 对于面积较小的花园来说，可选择的植物种类是有限的。这里您看到的是在分层垒砌石墙上大面积的生长草。

　　结构变化　技术手段在解决狭小空间中地势落差的问题上是必要的。问题在于如何使其达到最佳效果。首先要求正确的形式风格、比例关系和材料选择。具有鲜明对比的材料可以提高小面积空间的活力，就像此例中光滑的平面和与之相反的自然粗糙的平面材料形成了鲜明的对比。此外植物在这种环境中起到了调节气氛的作用，如本例中平坦的草坪。

可能性 花园空间造型越对称、笔直，就越容易通过植物、盆景或装饰物来进行改变。您可以根据您的喜好自由改造。

转移 花园中直线形的地面、墙体和分层能充分与直线形房屋构造相呼应，也为造型、材料和色彩的选择提供了依据。尽管外部花园空间有限，但在内外部空间相互和谐的状态下，从房屋内部向外看，花园将不再显得狭小。

分层 不同的高度和人为的分层加大了花园的空间感，如本例中由木条组成的不同层次的休息区。

直线形平面布局 对称和直线代表着和谐与宁静。我们经常有一种直觉就是认为直线形有一种美感。这一点当然也适用于花园。花园空间越小，那么其分明的造型和结构就显得极为重要。

本例将介绍一个风格迥异的内院花园。这个花园首先使用了直线形平面布局，并且所使用的材料种类相对较少。整个空间中只有木材、天然石材、水和植物这几种元素，材料种类虽少，但是每种材料都有着自己的功能。遮阳篷、餐桌、带有水景的阅读区，常见的植物和足够举办聚会的空间，所有这一切都集中在这个小小花园之中。

19

通向房间　外部通道所选用的材料越精细、光滑，越能使连接房间的通道显得宽阔。文中选用的是光滑的天然石材地板。

空间与时间　通过选用不同的植物可以使人获得不同的空间感：常绿灌木可以使空间不随季节变化而改变。

复古风格　在几平方米的空间里出现了一个充满现代气息的走廊，使园林设计充满了巴洛克风格。

空间感　几何形状在三维空间中极具表现力。相对于常见的四方形结构，本例中
的半球形设计显得格外醒目。这种特殊形状的园林树木每年也只需修剪两次而已。

圆形要素 线条明确的棱角形状一直是建筑设计所常用的，在家庭园林设计中也是如此，但是与此同时，圆形要素慢慢取代了这个地位。相对于棱角形状的造型，圆形更能体现出动感，打破了传统的直线型造型，从而带来了活力。

小建议

圆形要素可以被融入到园林的设计中起重要作用，但是有的时候也可能达不到所期待的效果，成为一个不起眼的设计。

花园中不仅仅水管是圆形的，以大树为中心，四周的草坪也可以被设计成圆形。

圆形设计 将很多圆圈聚集在一起，结果不一定是圆形。圆形给人一种流动感，将不同圆形组合在一起，会增强这种感觉。这种夸张的设计风格需要设计者有足够的自信。本例中的花园通过圆形的要素使空间明显扩大。这里有很多东西可以牵动观者的视线，最令人兴奋的是目光跟随着地面上的弧形线条而移动。

打破传统　园林平面设计的重心主要取决于它的面积大小。可用的有效面积越小，越需要精心细致的设计。

对于一个有限的空间来说，几何形状或对称形式的设计比较适合，因为这些形状可以给狭小的空间以安静、和谐的感觉。但是一味追求这种平衡，有时会显得枯燥和无聊。您可以结合建筑设计和空间特性，打破传统的设计理念，创造新形式的园林景观。

家庭园林中，房屋的形状起主导作用。建筑师在设计时应该将房屋和外部空间一起考虑，使其相互呼应。建筑的尺寸、形状和比例将直接影响外部园林的视觉形象。

例子中的园林位于英国伦敦北部，是由英国园林设计师吕娜·马库斯（Lynne Marcus）设计的。根据现实的空间特性，设计师采用了直线形和非对称结构相结合

小建议

尽管家庭园林中，几何形状和对称性设计是必不可少的，但是您也可以考虑一些突破性设计，会使您的花园变得更加充满活力。突破性设计可以增加花园的多样性。一味追求直线型设计，很快会让人感觉枯燥和无聊。

的设计理念，与其他元素一起创造出了一个震撼的效果，使小花园成为一个美丽的整体。这里使用了一些页岩板，增加了视觉冲击感。马库斯在鹅卵石区域放置了几棵草属植物；这些植物随着时间的推移，会变换形状，同时也会使花园形式得到改变。通过精巧设计，这个最初并不理想的公园空间被设计成了一个与时俱进的休闲空间。

定制风格　在平面设计和空间设计的同时，还要根据主人个人品位来确定线性和比例的关系，以及适合的建筑材料和植物品种。房屋的前花园是最能体现房屋主人个人品位的。

三维思考　平面设计是二维设计，加上对高度空间的设计会起到非凡的视觉效果。运用高低不同的树篱、自由生长的植物和一些建筑材料，您可以使所有拜访者对您的花园充满好奇。

名片　前院的花园可以充分显示您的个人品位，可以说是您的一张"名片"。如果您想通过它来吸引您的拜访者，那么您可以像本例中的设计一样通过对相对狭小空间的精心设计来实现。

长窄形园林　设计一个狭长形的园林其实并不难。利用园林狭长的界限可以使几平方米的空间显得无比的宽阔。设计形式可以说多种多样；通过场景的反复可以增加空间的延续感。本例中笔直的天然石小路一直延伸到树篱下——以中间放置的石柱为中点。小路两边种植了常见的灌木。

创造氛围 如果您的花园空间是狭长形的，那么在设计时首先要明确其用途。本例中外部狭长空间上铺设了整齐的碎石和多种多样的座椅，适合用于社交聚会。通过利用水、植物和碎石等元素的装饰，使整个空间令人感到放松。

对于设计狭长空间园林来说，个人趣向是重要的决定因素。重复或变换的风格可以随意运用。适当地插入一些元素，如本例中的水池起到了分隔空间的作用。加上植物色彩的衬托，使其和花园融为一体。

平衡高差　利用高耸的树木，可以削减落差的视觉效应。从高空向下看，给人一种绿色平面的感觉。

轻质材料　为了加重花园中落差的感觉，在材料选用上也应采用轻质材料。本例中选用了透空的金属楼梯和透明的玻璃扶手墙，与外部空间和谐地融为了一个整体。

强调水平　水平铺设的木板使得整个花园气氛显得平静宜人。

由房屋结构形成的高低落差　当从房间走出来时，映入眼帘的是整个花园，这样的场景会使人感觉非常好。高低房屋在这方面有着设计上的独特优势。在相对较小的空间中，更需要在落差上精心设计，使人不会感觉呆板枯燥。在本例中，落差是双向的：与起居室地面齐平的平台也是地下室的屋顶。通过利用高品质的建筑材料和完美的平面布局设计使原本复杂的空间变成了一个绿洲花园。

31

强调直角　花园设计中使用直角形状，可以使您的花园看上去变得更长；越是放在房屋中心线上，这种效应越是明显。

和谐的重复　保证相同间距，重复使用相同风格的元素，如植物容器或者石板，可以使您的花园增加距离感。

终点　定义一个醒目的终点，如本例中的石碑，可以吸引拜访者更多的目光。

相互关联　通过融合花园周围充满活力的元素，如隔壁的树篱，会使您的花园更加和谐。

微小的落差　在小园林中如果地面有微小落差，您还需要将其考虑到您的设计中去。由于地势比例的关系而失去的和谐氛围可以通过加强局部空间的手法来弥补。本例中使用方块造型的黄杨树、条形木板和低处长方形的绿色植物来实现。

阳光比例　根据花园主人职业不同，还应该考虑人在花园的时间点。当主人下班后太阳已经落山了，那么就没有必要在花园中设置晒太阳的地方，取而代之的是一个享受夕阳西下的座椅。

流连忘返　花园中的座椅一定要舒适。如果喜欢在花园中消磨时光，那么座椅应该是他停留时间最长的地方。

吸引目光　远处的座椅可以成为花园中吸引目光的亮点。

远离房屋的座椅　平台和座椅一般被放置在距离屋子很近的地方，起到内外空间分界线的作用。对于这种设计也很容易解释，那就是人们都想尽快地走到户外心爱的座椅位置，还有就是不希望让客人在夏天的阳光照射下走远路。但是对于空间有限的家庭园林来说，值得考虑的是这些前提条件是否必须满足，因为距离并不是很远。

　　将座椅放到花园尽头有着很多的好处，使道路变得更加宽阔，提高了花园的空间感。您可以在小路上充分享受花园空间的魅力。

35

家庭园林中障景的设计

家庭园林中的障景　园林外部空间越小，障景就越重要。如今随着建筑物排列得越来越紧密，不仅附带的花园面积变得越来越小，就连建筑物间相邻的间距也越来越小。有趣的是，近十年来德国人均住房面积不断在增长。同时也意味着，传统的小房间，大花园的住房比例正按照"大房间，小花园"的趋势变化。简而言之，用于花园的外部空间变得越来越小了。产生这种变化的原因有很多种，但是有一点没有变，就是小花园和房间一样，需要与邻居和城市生活隔离，这样人们才能舒适地享受属于自己的私人空间。

障景的规模和大小取决于花园主人的个人喜好。对于一些性格开朗的人来说，障景会使得他们感觉封闭、压抑。他们在障景上应该考虑更多的是通过障景来改善花园的光学效应和空气循环，这些都可以通过选用植物来实现。

障景的风格可以通过选用不同的材料来改变。一般来说，材料的选择应该考虑周围结构材料风格，如房屋

结构材料，或者参考临街处可见的元素。

树木环绕下浪漫的座椅　本例中座椅被巧妙地隐藏了起来。小小的空间被树篱包围并用半透明的木质栅栏和相邻的空间隔离。

镶嵌在栅栏中的小窗户将这个隐蔽的空间和外界连接了起来，并且给人一种空间被保护起来的感觉。整个空间的上方种满了色彩鲜艳的紫藤和紫荆，每逢花朵开放的季节，花园中色彩艳丽，气味芬芳。

小建议

请您注意障景元素是否与花园空间相适应。将座椅整个包围起来并不是完美的障景。设置障景前应该试一下障景的效果，判断其是否在花园中适合。在多层建筑中，障景可以起到屏障上方的作用。

　　即使在花谢了的时候，植物间的相互搭配也是非常有趣的：紫藤的青绿色叶子与紫荆蓝色的心形叶子形成鲜明的对比。两种植物都很容易生长在金属架上，给人一种飘浮在空中的感觉。

39

屏障　在家庭园林中，隐私保护对于舒适的个人空间来说是很重要的。每个人都希望在自己的园林内舒适地消磨时光，不受外界不良景观的影响。以下多种优秀范例将展示屏障设计的多样性。在经典范例设计中，遮蔽外部空间的一些规则是非常重要的，主要的园林要素起始于园林土地边缘，私人外部空间也是从那里开始的。

1	陶瓷砖墙	5	黄杨树篱
2	高大的黄杨树篱	6	带顶棚的座椅区
3	安娜贝拉花带	7	日光浴椅
4	紫杉		

符合氛围 障景元素在花园中能够起到保护隐私的作用。在非常小的园林或密集建筑群中，如同本例中位于比利时大都会布吕格（Bruegge）中心的小"庇护所"，障景设计是非常具有挑战性的。首先要注意四周，有时还要考虑上方是否有足够的空间，其次就是要避免把障景设计成监狱一样的效果。

比利时园林设计师杨·斯威姆贝格（Jan Swimberghe）给自己私人园林的设计就是一个非常成功的例子，他设计的障景舒适，同时又很专业。

斯威姆贝格在与房屋平行的花园边缘种植了高耸的树篱。高脚屏风放置的比例刚好遮挡住了后边的房屋，但是却能隐约可见迷人的古城建筑。树干高度大概与后边爬满植物的砖墙一致。

这种绿色的堡垒成为了花园与外界的过渡，在这个高树篱前杨·斯威姆贝格设置了 3 种不同植物的绿化带。在最前一排，设计师选用的是只有 40 厘米高的黄杨。距离不远的另一排绿化带被种植上了也不高的紫杉，在高耸的小树林前的第三排是常见的开花植物——安娜贝拉花。

通过运用这种阶梯状形式，有效地削减了障景给人的高度感。整月开放的花朵将拜访者的目光吸引到了花园末端，并使得那里显得更加明亮，更加舒适。对于一般的开花植物来说，安娜贝拉花开放的时间比较早。花园中间放置的带有雨篷的座椅使花园尽头显得非常古典，与花园后方的老城建筑相互辉映。

主人可以在这个设置有 3 个不同风格绿化带，带有两个座椅的小花园庇护所中避开阳光，尽情享受阅读图书的快乐。通过精准的方案和高质量的设计可以使外部空间变得非常精彩。城市中的花园被设计得古香古色，完全不受外界因素影响。

变化 根据不同的需要，带有雨篷的座椅能起到一种保护隐私的作用，长形的靠椅使人有一种夏日海滩的感觉。

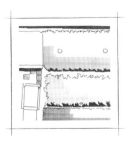

条形样式 不同植物组成的绿化带被设置在作为障景的砖墙和高耸的树篱的前方。

艺术功能　障景在必要的时候还能起到装饰作用，人们能够将障景转换成装饰元素，在视觉上让人忘记其本来的作用。本例中一堵抹灰的高墙将影响视觉的元素隔离了出去。虽然墙砌得很高，但是特殊的形状和色彩使其成为了与花园风格相适应的工艺品。

具有功能的障景 避免不了的障景也可以被赋予特殊的功能。本例中的石灰岩的墙前设置了一个同样是石灰石材料的座椅。墙的另一个作用是座椅的靠背，与座椅融为一体，显得格外和谐。材料非常结实，不会受气候因素影响，无论是夏季还是冬季，养护起来都非常方便。

小建议

在障景元素中添加水平线条，可以得到意想不到的效果。特别是在小花园中，水平线条可以给人一种宽阔感。如果再赋予其一些功能，会使得整个花园充满了活力。

选择材料 用于障景的金属材料也多种多样。不锈钢、耐候钢、镀锌或彩钢板都可以被用于障景制作。

持久性 金属的耐久性取决于其合金过程和之后的表面处理。涂漆的表面虽然可以改变色彩，但是需要间隔一段时间进行一次处理。

相互协调 金属材料经常被使用在房屋建筑中，如雨水管或者窗户护栏。金属障景完全可以和这些材料相互匹配，相互协调。

金属元素 金属材料一般被用来制作围栏、钢栅网或钢丝网，很少被用来制作平面障景。这种材料有着特有的优点，高强度的同时具有灵活的可塑性，加工和维护方面也使其成为了理想障景材料之一。

木例中金属材质的障景元素显得极具艺术气息。两块精致的金属板配上常绿植物挂樱，使得障景处光线分明。花园中既有的阔叶树不再孤单地矗立在花园中，而是通过障景与花园融为了一个整体。

47

攀缘艺术家 一般来说，攀缘植物有两种：一种是利用其强有力的根和吸盘向上攀爬，还有一种是必须借助攀爬支撑向上生长的。藤架必须有足够的强度，并且有牢固的固定，因为植物的自重特别是在雨后是不可轻视的。尽量选用容易养护的材料，不锈钢材料和热带灌木都是很理想的选择。

绿化　对障景进行绿化是一种传统，如使用一些旋绕或攀爬的植物（如图中的铁线莲），不仅能起到绿化的作用，还能创造出一片花海，非常适用于小型花园。植物的选择取决于地理位置、环境因素和个人喜好。

小建议

攀爬植物的密度和视觉效果与主人的养护和植物的品种是分不开的。平时要有规律地对植物进行修剪、施肥等处理才能保证良好的植物形状。如果没有这些养护工作，那么攀爬植物会很快掉落。

木头 木材是最自然的材料，并且有着很多优势。这种有机材料实用耐久，它适用于几乎所有的设计风格。所以不同种类的木质材料被应用在各种各样的花园设计方案中。

彩色的木材 有很多方式可以对木材进行上色处理。传统的方法是直接在木材表面涂上有色彩的漆。通过有色的木质障景可以明显地区分障景后边的景物。对木材进行上色时应注意，木材两侧都要上色，避免以后木材出现弯曲变形——当然两边的颜色可以不同。檀木和柚木都是很容易上色的木材。

常绿 使用常绿植物障景能保证一年12个月的隐蔽状态，但是另一方面会使花园显得很单调。

夏天绿 阔叶植物障景可以在夏天起到保护隐私，遮阳的作用，而到了冬天将保证屋内阳光充沛。

高耸树篱 高耸的树篱可以遮蔽外界景物，同时也可以在花园内起到装饰作用。

临时 由高耸的草或灌木丛组成的障景属于临时性的。夏天它们在花园中分隔出了乘凉休息区域，而冬天时又是广阔的空地。

不同形式的树篱 树篱是花园中一种常见的障景材料，有很多植物品种可以选择：常绿植物（如紫杉和黄杨）或者只有夏天绿色的植物（如灌木），直线形或曲线形的植物，树篱作为障景可以有上百种不同的形式，搭配一些开花植物的点缀效果会更好。高耸的树篱可以将一些更高的相邻建筑物隔离。

果树 很多花园的所有者都希望能够在花园中种植一些果树，如苹果树、梨树或者樱桃树。如果能够做到精心护理，种植果树的愿望是可以实现的，同时还能起到障景的作用。这就需要花园的主人将修剪工作作为一种爱好，持之以恒地对果树进行有规律的照料。

搭设支架　果树需要一个结实耐久的支撑结构，支架需要和花园设计风格相一致。

选择品种　在选择果树种类的时候，您需要先对可选择植物的特性有所了解。您可以咨询一些专业的植物学机构。

品种多样性　很多品种的果树会有很多不同种类的果实，它们也会影响整个花园的视觉效果。

花海　如果您在乎的不是果树丰富的果实，而是其花朵的美观装饰性，那么一些具有装饰性的果树非常适合您，如山荆子。

攀爬 如果您希望玫瑰树篱更高的话，那么就要为其建造一个支撑结构。其次别忘了在树篱下方种上一些常绿的植物，这样效果更好一些。

无法抵挡 野玫瑰不仅外形华丽美观，其稀有性也会吸引拜访者的目光。

水果香味 秋天玫瑰会散发出一种水果的香味，会使您和拜访者有一种置身花海的感觉。

健康 正确地选择品种，避免植物遭受病虫害，如无刺玫瑰或金雀玫瑰都是很好的选择。

　　玫瑰树篱 玫瑰也适合于用作花园中的障景。不过这种浪漫的装饰也有其明显的优点和缺点。植物中很少有能够起到障景作用，并且芳香宜人的。

57

植物品种组合　植物障景如树篱也不是只用一个植物品种。本例中将 3 种不同植物种类（黄杨、欧洲红豆杉和欧洲鹅耳枥）的树篱组合在了一起，取得了非常理想的效果。这种叠加效果的障景也能起到装饰的作用。不同的绿色程度，不同形状的树叶在一年四季不断相互交替，使花园充满了生机。

不同材料相结合 如果在空间狭小的花园中选用过多材料，会使空间显得很凌乱；如果只采用一种材料的话，又会显得枯燥。本例中设计师将砖墙和木板墙结合到了一起，显得非常和谐。如果这个障景中没有砖墙，就会显得非常枯燥。

小建议

利用不同材料进行组合，给人一种对比感。组合时可以根据不同的颜色、材质和结构进行设计。如果将两个相似的材料进行组合，会失去美观，让人感觉不舒服。

透明　金属可以被应用于很多领域，其高稳定性和易加工性，使其成为与其他材料相结合的理想材料。本例中在镀锌钢架中放置了半透明的玻璃板，这个半透明的遮挡结构加大了小花园的空间感。

小建议

利用金属和玻璃组合能够使空间更加明亮。这种半透明的遮挡结构不仅可以有效地遮挡后边的景物，而且由于玻璃良好的隔音性能，还能起到隔音的作用。

对比 花园的空间界限可以用金属来划分，金属的多样性适用于各种风格的空间。本例中原本作为障景的砖墙由于高度有限，在它上面又加上了一个金属框架。精美的手工，冷色调的灰色表面与传统的砖墙形成了鲜明的对比，这种对比也使整个花园现代感十足。等到了夏天，清新的紫藤将成为附加的障景元素。

相互辉映　耐候钢的表面颜色可以很容易地融入到花园空间中。其锈蚀的颜色与花园中树干的颜色会非常和谐。

障景　园林设计师安迪·司徒格昂（*Andy Sturgeon*）成功地将耐候钢这种带有复古风格的材料用在障景的设计中，本例中其设计的障景透明程度会随着观测角度的变化而发生变化。

加工制作　耐候钢的加工和其他品种的钢材一样，最早的成品表面光亮，锈层是之后慢慢形成的。

艺术性　耐候钢有着一种特殊的艺术气息。

锈迹斑斑　1932 年一种特殊钢材在美国问世：耐候钢。 这种不可思议的材料的表面会形成一层致密的锈层，从而起到防腐，耐久的作用。

不过在使用耐候钢的时候，您需要考虑到其锈蚀的颜色是否与您花园的地面、树木和座椅的颜色互相协调。

障景的组合　障景元素的作用很明确，就是遮挡影响不好的景物，使人在自己的私人隐蔽的花园空间中感到舒适。花园空间越是有限，障景的作用就越突出。您有两个选择：其一是选择简单、节省空间的材料，随后用植物对其进行装饰。其二是选择大气、美观的材料作为障景，使其作为一个装饰元素融入到您的花园场景之中。

本例中的障景是这个传统花园的重要组成部分。齐胸高的灰白色木栅栏使整个空间显得不是很压抑。为了达到障景高度要求，作为补充，在栅栏前种植了一排菩提树。菩提树的特点在于容易修剪，可塑性好，节省空间，夏天宽大的叶子可以很好地使花园空间保持隐蔽，而落叶的冬天又能保证花园有足够的阳光照射。

这个组合的障景充分地融入了整个花园风格之中，与其他的正方形装饰一起给这个传统的花园带来了无限的魅力。

彩色遮挡　本例中木栅栏的颜色非常完美。暖色调的亮灰色在整个花园空间中显得非常和谐。此外周围的装饰和淡灰色的树木与木栅栏搭配得十分协调。

植物遮挡　这里使用的菩提树也可以用山毛榉或欧洲鹅耳枥代替，这些树种的外观形状都很适合用作于障景。夏天绿叶植物还能够起到遮光的作用。

家庭园林中的平台和座椅

平台与座椅　休息的空间是一个花园中不可缺少的重要组成部分。这个空间将以何种风格进行设计，完全是花园主人个人喜好的问题。设计中要考虑到实用性和工艺是否相互匹配。还有一个重要的问题就是，如何设计花园中通向这个区域的道路，使休息区域不会紧靠房屋结构，而且花园空间不显得杂乱。其次，富有魅力的园林元素，如水景或开花的植物都会对座椅区域的布局产生影响。此外，设计者还应考虑阳光照射的位置。一切都需要符合主人对风格及使用的要求。

在确定了位置后，需要着手考虑的是如何对座椅及平台进行设计，使之与周围环境相融。座椅的位置需要有充足的舒适感。

从基因学的角度来看，人们认为坐在朝向明亮的地方才算舒适。将有遮阴功能的墙、建筑物或者植物放置在座椅背后会使这种效果充分地体现出来。

创造环境　在选用的例子中，座椅后边设置了高耸的树篱（欧洲鹅耳枥），营造了一种保护和安全感。向后延伸的木板平台也显得舒适感十足。远离房屋的木板平台给人提供了一个开放、明亮并且舒适的放松及休息空间。

　　平台的位置在公园后面的小池塘旁边。这种环境会使您得到充分放松并忘掉白天的工作。整个平台被包围在高大树木和自由生长的植物之间，显得十分和谐。平台两侧种植了芳香的花草，旺盛的玫瑰会在整个夏天开花不断，会和荆芥花一起使您的眼睛和鼻子享受几个月。这个座椅及平台区域充分显示出它的使用功能，同时在视觉上保证了与花园整体环境互相协调。

小建议

位置的选择需要您有丰富的想象力，并充分借助花园中其他元素，如例子中的池塘。此外，阳光的方向也很重要，要保证每天下班后回来的花园主人还能享受夕阳西下的美景，而不是坐在阴暗处。如果空间允许，建议额外再设置一个能够享受夕阳的座椅空间。

舒适角　花园中的露天座椅区域设计一定要体现主人的品位。露天区域的风格完全可以借鉴屋内装饰风格。例子中的设计将有限的空间充分利用——靠背沙发及茶几为主人提供了与客人一起聊天，一起用餐的舒适空间。四周的绿色植物和座椅的摆放位置都使花园显得格外舒适、和谐。

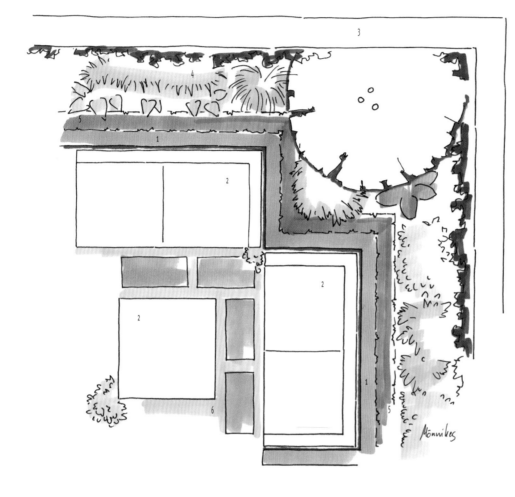

壁龛 壁龛有很多优点，特别是在小花园中能起到节约空间的作用。本例中的壁龛坐落在花园的一角，周围布满了绿色植物。1米高左右的矮墙由混凝土制成，墙的上方有一圈天然石材板压盖，整个设计使花园空间显得很有层次感。

1 混凝土墙和石材盖板	4 植物带
2 防雨家具	5 黄杨树篱
3 墙上装饰常绿茉莉	6 缝隙间的绿化

矮墙走向与花园边界平行，勾画出了花园的大致轮廓。房屋出口对面的空间很适合设置这个壁龛，舒适的家具都是由防雨、耐用的人工编制材料制成的。混凝土矮墙形成的转角两边正好为编织物沙发提供了空间。这种摆放方式显得非常友好、亲近，并且各个角度都贴近由同样编织物制成的茶几。

花园中的矮墙、建在高处的花坛和高低错落的植物使花园空间显得不再狭小。 重要的是，这个花园的设计之所以能够实现，依靠的是周密的计划和高超的建造技术。

向上推移　对于这种向上推移的花坛和植物，您是否在琢磨它的灌溉与排水系统。对于一个成功的设计师来说，这个问题会有好几种简单的解决方案。

高处花坛下矮墙构成的休息角，可以使来访者舒适地享受在花园中的时光。这个休息区的背景植物选用的是黄杨树（锦熟黄杨），这种植物可以在冬季遮挡花坛中其他干枯的植物。沿矮墙边缘种植常绿茉莉（万字茉莉），使得花园空间保持四季常绿。

在春夏时节，花园中其他植物的颜色使得绿色不再是主色调。白色的香花芥（欧亚香花芥）在夜间散发格外的芳香，与其他植物如高加索勿忘我草、金叶草、福律考、花葱和耧斗菜一起构成了整个花园的植物体系。在地面上的缝隙中也种上绿草，与碎石一起组成完美的地面。

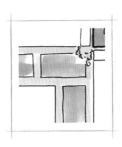

填缝　在地面方砖之间的缝隙中种植绿草（绿珠草），使得地面空间得以扩展。

屋顶　花园座椅上方如果有一个屋顶会很实用。各种形状，不同的作用和不同材质的屋顶都会不同程度地提高花园的舒适度。当然，最实用的还是晴天时能够打开，不遮挡阳光，雨天时能够关闭可以挡雨的活动屋顶。屋顶还起到连接房屋内部空间与外部空间的作用。

房屋旁的座椅 座椅被放置在房屋旁边也有一定的好处，如距离房间近，容易到达，使用率高。但是这种设计能否被应用，要取决于空间大小。有的时候还要考虑阳光照射角度，房屋旁边太背光或被阳光直晒都是应该避免的。

小建议

在房屋旁放置座椅时，您还要考虑房屋前是否有足够的空间，还有就是这个空间是否适合放置座椅。如果光照条件与周围景物不协调，那么您就要考虑其他方案了。是否协调需要建筑师仔细分析。

花园中带顶棚的座椅 座椅上的顶棚形式多种多样。本例展现了一个非常具有浪漫气息的花园，通往舒适、避雨小空间的道路两旁种满了常见的鲜花。这个凉亭般的空间周围种满了玫瑰花和葡萄树，夏天非常凉爽惬意。这种形式的顶棚和乡村般的花园环境显得非常和谐。有谁会不想在结束一整天的工作之后在这样一个舒适的环境中放松一下呢？

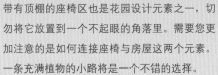

小建议

带有顶棚的座椅区也是花园设计元素之一，切
勿将它放置到一个不起眼的角落里。需要您更
加注意的是如何连接座椅与房屋这两个元素。
一条充满植物的小路将是一个不错的选择。

开放式顶棚　汤姆·司徒阿特 – 史密斯（Tom Stuart-
Smith）在这个充满芳香的花园尽头成功地设计了一个开
放式座椅区。极具艺术性的铜质顶棚与充满自然气息的
花园形成鲜明对比，并与前边长方形的水池相映生辉。整
个设计成功地使原本空间狭小的花园显得格外广阔。

遮阳伞　遮阳伞是最传统的花园遮挡工具。通过插入地下这种固定方式，使得遮阳伞既牢固又节省空间。被称为旋转或悬臂伞的遮阳伞可以根据阳光的方向很方便地调整。

遮雨伞　调整遮阳伞的大小，并且伞面使用防水材料，可以使遮阳伞具有防雨功能。

植物伞　相对于活动的遮挡设施（如遮阳伞或帐篷），植物遮挡有牢固、耐久的优点。植物和活动的设施相组合可以在功能上互补。

☂　每个座椅都需要一个遮挡设施。一个合适的遮挡设施可以提高花园的舒适程度。本例中的阔叶梨树充当了遮阳伞，使得花园生机盎然，并带来了足够的阴凉。

79

　　光　合适的灯光可以给花园带来很多优点。黑暗中错落有致的灯光将给花园带来梦幻般的效果。本例中的灯光由下向上直射入橡树，灯光随着树叶的摇动而变换，使得花园氛围非常优雅。

遮光　在设计花园灯光的时候，请注意不要让灯光影响到您的邻居。

种类　在设计灯光时，您至少要在花园中设置两种不同的灯光，因为有时需要日光，而有时只需要舒适的昏暗照明。

舒适　花园或平台照明必须要在室内设有开关，带有遥控功能的更为理想。

比较　灯的种类有很多，所以选用前适当地比较是很有必要的。

松动的地面　相对于石板或方砖地面而言，碎石或卵石路面更加经济且容易铺设。这种松动的地面给人一种随意、自然的感觉。这类地面的形式也是多种多样的：碎石或卵石地面可以根据其大小而组成不同的地面形式。

小建议

碎石或卵石地面在护理上也很简单。重要的是地面底层材料需要用压实的卵石材料，从而保证踩踏的舒适感，如果您不希望表层太厚，那么您可以选用圆形的碎石地面。

固定的碎石地面　碎石很容易被固定，这种复杂的粘贴工艺有时能带来意想不到的艺术效果。 马赛克早在远古时期就被应用在广场或花园艺术中，碎石吅以被粘贴成不同的图案，并且适用于所有的设计风格。如果花园中有足够的空间，这种形式的地面是很适合座椅区域的。在冬季，极具艺术气息的地面会成为花园中的亮点。

　　多样性　如果您不介意木质材料养护起来麻烦，那么，木头这种材料是非常理想的造型材料。由于木头有很好的可塑性，并且加工相对简单，适用于地面、障景元素和植物容器。本例中水平方向的障景墙也是种植植物的高台。墙与地面材质相同，显得极其和谐，同种材料不同的尺寸也带来了鲜明的对比。

木质地面 天然木质材料是座椅区域地面首选材料，精致的木质平台会给您带来很多好处。这种易于加工的材料可以直接铺设在现有的石头地面上。要注意，木材在天气不好的时候会打滑。

小建议

光滑的木材比有纹路的木材好看，但是在潮湿环境中很容易打滑，所以木质平台需要尽量设置在阳光直射，容易干燥的位置。通过有规律的清扫也可以降低打滑的危险。

85

材料组合　园林设计质量和不同材料组合的结果有直接的关系。在选择不同种类植物时，就要考虑它们相互之间组合起来是否合适。建筑元素也是一样的，如篱笆、平台、道路或者台阶，都是要考虑整体组合效果的，只有一种元素的情况很少。

在园林设计规划阶段，您可以根据整体风格来确定合适的备选材料。创造一个和谐，美观的花园，和平面设计及精确选材是分不开的。选材时还要根据花园特色来确定材料数量。简单地说，材料种类越少，整个空间会显得越宁静、安逸；过多的选材会使整体效果显得凌乱。选材时，要以房屋主体材料为主线。适合砖结构房屋的材料不一定适合玻璃钢结构的房屋。材料不同，如木头，石头或金属，其色彩也不同。颜色较深的材料可以用来充当障景材料，明亮的材料可以放置在显眼的地方。

布景　精巧的花园平台之上最抢眼的布景就是这个艺术性极高的古希腊花瓶。如果没有这个花瓶的装饰，那么整个空间将显得枯燥无味。绿色的瓶身与其后面暗绿色的障景融为一体，白色的底座衬托出了这个花瓶的艺术性。

中断　在微小的高差处设置了一个夸张的台阶。相对于平台的蓝色地砖地面，台阶是由木板组成的。这里的材料变换也自然地定义出了座椅的区域。

后退　屋顶上的空间有着优越的"后退"功能，您可以在上边看到其他景物，但是您却不会被别人看到。

形式　屋顶上尽量使用花盆植物，它们可以保证您屋顶空间的美观、完整。

系统　浇灌用的壶和盆适用于防风、光照条件好的屋顶花园。

变换　本例中使用的薰衣草植物会在整个夏天开放，其装饰功能在秋天会被阔叶灌木和草所代替。

最高处　有时人们会将平台或座椅放置在屋顶之上，虽然说那里的空间不是真正意义上的花园，但是设计原则是一样的。如果屋顶上的座椅区域属于花园的一部分时，那么在对其设计时要按照主体花园风格进行设计，尽量使用类似的植物和材料。

地面与植物相结合　面积较大的固化地面在冬季会显得很光秃。如果您在这样的地面上放置一些常绿植物，会提升花园的活力。方形的植物造型贴合房屋建筑形状，并且能充分体现建筑与自然的和谐关系。

小建议

间断的植物区适用于小座椅区域，但是前提是其高度和形状符合整体设计风格。通过精心地设计，可以使您的花园常年保持活力。

架空构造　本例中牢固的地面建造在了植物之上。这种架空形式的地面可以由不同材料组成，给人一种完美结合，并且自然气息浓厚的感觉——小巧、台阶式的木板通向花园中部的座椅区域。通过选择不同的植物，使得花园空间层次分明。

观景方向　观景方向一定要正对花园中最美的位置。

遥远感　根据花园的空间条件，尽量放远您的视觉距离。这点可以通过选择并合理放置不同植物实现。

创意　度假时光的记忆可以影响花园的设计。但是您需要时刻考虑到，设计是否与现有建筑物和周围景物的风格相符。

　　观景　本例中的座椅区域会使您想起度假时光。平台的入口正对花园，两边配上了窗户，用来避光、挡风。这个能够使人充分放松的空间并非坐落在度假胜地，而是在一个普通的德国家庭园林中。

93

家庭园林中的植物

家庭园林中的植物　植物是园林风格的载体，不同的植物种类可以给花园带来不同的氛围。很可惜的是，在德国很多有关植物选择方面的课题都是针对大型园林的。由于很多知名的园林设计师或园林制作者的经验都来自大型园林，所以在家庭园林设计中难免会出现一些问题，如在为园林选择植物方面。植物种类繁多，需要设计者在这方面有足够的知识和经验，光靠书本上的知识是远远不够的。丰富的理论知识和优秀的设计风格是园林设计成功的基础。

即便是在家庭园林中，植物学知识的应用也是很有必要的。对于室内的人来说，当向外看时，首先映入眼帘的就是植物。由于植物一年四季始终在变化，所以需要人们将植物在不同季节的形态考虑进设计中去。在空间相对狭小的园林中，植物的位置至关重要，如果设计得当，那么家庭园林将常年充满活力。

植物与建筑物完美结合　英国园艺师安迪·司徒格昂在 2010 年切尔西花卉展上展示了一个充满鲜花的园艺空间。鉴于其富有创新精神的设计，将植物与建筑物完美地结合在了一起，因此获得了嘉奖。他为这个空间所选用的植物可以说是恰到好处，与周围建筑物非常和谐。他习惯运用抗旱植物，这些植物非常适合在地中海气候地区使用，个别植物种类也很适应德国冬季的气候。本例中的很多植物还能抵抗非常恶劣的气候环境。

灰色的、向上垂直生长的毛绒花在整个空间中显得清新、美观。其周围放置的是蓝紫色的毛绒花，这个色彩组合也是司徒格昂的"设计亮点"。在他的整个设计方案中，绿色是主色调，不同植物的不同叶子，不同茎秆有着不同程度的绿色，相互协调，相互和谐。

小建议

选择植物，除了要分析考虑其位置、大小及数量比例关系外，还要考虑植物本身随着时间而产生的形态变化，所以没有一个花园是全部以花卉进行装饰的。

绿化区域 理想状态下植物的高度应该与其后面景物的高度一致。但是在家庭园林中这个想法很难实现。如果本例中的苗床带与后面的墙一样高，那么草地的面积就会被占，其他的植物也会被其遮挡。这里一般使用插入式的苗床平面，其种植高度可以被控制。这样就可以保证家庭园林中植物高低比例的关系。

清新空气 花园格局和风格可以通过很简单的方法进行优化。本例中亮灰色的墙体是经过翻新和粉刷的，灰色的天然石方砖按照步伐距离放置在草坪上。除了这些以外，种植一些讨人喜欢的、好养活的绿色植物可以给花园带来无限的新鲜空气。原有的梨树在花园后边成为了一个植物障景。沿墙边种植以常绿植物为主的苗床，使得整个花园常年保持生机。

1	修缮的砖墙	5	苇状针毛草
2	天然石板	6	竹子
3	梨树	7	大戟树
4	大戟树	8	常绿毛蕨

在这个花园里，由于不同绿色植物间的完美搭配，花卉已经变得不那么重要了。新选择的植物品种来自世界各地，品种间也没有什么冲突。过去人们总是将植物按地区分类，如竹子是亚洲的代表植物，有竹子的园林人们自然也就认为是亚洲风格。人们最开始认为植物只是花园中不可缺少的元素，但是没有想到其具有丰富的造型艺术性。这个花园的四周由搭配和谐的不同形态的常绿植物所构成。两棵大戟树像两个常绿的守护者一样看守着整个花园。周围种植的苇状针毛草整个夏天会给花园带来清新的绿色，其直线形叶子也使花园气氛活跃了起来。冬末到五月，同样的花园却呈现出不同的景色，

那个时候，大戟树上开满了黄绿色的花，与之相辉映的是红铜色的苇状针毛草。

在花园边界处的白色墙下面种植竹子。竹子下边是适合干旱条件的常绿草本植物，有金黄色叶子的金叶苔草，还有黑色叶子的黑麦冬草。

指引方向 常绿的蕨类植物、大戟树和婆婆纳指引着参观者一直走向花园的上方区域。

植物混合 来自五大洲不同的植物种类丰富了花园的形式风格。

易于修剪 常绿树种易于修剪，您可以根据实际情况和需要对其进行造型修剪。

改变土壤 一些针叶树种，如松树，能够很快改变土壤的酸碱性，在选择其周围植物时要考虑到这一点。

耐寒性 在一些极端气候的地区，需要考虑植物的耐寒性。

障景 利用植物充当永久障景时，只能考虑选择常绿树种。其密度和透光性与树种本身特性有关。本例中所使用的是密度大、透光率相对高的月桂树。

常绿树种 很多小型花园的主人对常绿植物在花园中的比例都有一种矛盾的心理。如今，您可以选用更加具有活力的针叶植物。本例的小型花园中，甜月桂将南边隐蔽的地方装饰得非常优美。对于高低不平的地面，葡萄牙月桂是一个很好的选择。

103

根系　不同的树种有着不同形式的根茎系统。您可以从专业的园林学校里了解相应的知识，他们也会帮您挑选适合的树种。

生长形式　如今很多树种都被改良成适合家种的树木品种。由于良好的修剪成型特点，这些树木被修剪成柱形、球形等适合家庭园林使用的形状。

由风造成的树木损坏　想在自己花园中种植大树，要对树木的稳定性有所了解。由风造成的树木损坏有可能对您的房屋产生影响。

家庭树种　阳光透过大树留下光影的场景几乎会出现在所有吸引人的、富有情趣的花园中。在农场、庄园或者别墅的大花园中都会种植一些大树，但是对于空间有限的小花园主人来说，很难做到这一点。他们认为种植的大树有可能对邻近的房屋造成破坏，还有就是怎么对付那些"垃圾"，这里指的是秋天的落叶，人们不得不在清扫工作上下很大功夫。但是邻近房屋的大树也有很多优点，如能改善周围小环境的气候，有遮风挡雨的功能。重要的是要选对树种。此外，就是要考虑是不是合法，如大树和邻近建筑的距离是否符合法律要求。

长花期植物 如果您希望小花园充满色彩元素，那么就不可避免地需要运用长花期植物。其实鸢尾草和飞燕草也是不错的选择，虽然花期不是很长，但是能将花园中不起眼的角落装扮得非常艳丽。

容易养护 一些经过培育的开花植物，如本例中的马鞭草或者带有白色蝴蝶状花朵的山桃草都会给您的花园带来长达几个月之久的花海效应，您也不需要为它们做特别的养护工作。开花的密度和数量与施肥的多少有直接的关系。

优化花期 一些非常有吸引力的开花植物，如假荆芥或者斗篷草，可以利用夏季短截来优化其开放时间。每年7月份短截，两周后它们会重新绽放，一直持续到第一场霜冻到来前。

生长寿命 植物的寿命和种植的环境有关系。环境合适的情况下，选择适当的植物可以长期装扮您的花园。

颜色 除了花朵颜色丰富以外，一些植物的叶子也是颜色丰富的，在选择植物时请您注意这一点。

好的规划 有些时候，对于一些生长迅速的植物，人们往往采取修剪的方式控制其大小。因此，您需要在选择植物种类时考虑这一问题。

有花灌木 有花的灌木，如本例中的绣线菊，可以说是园林中必备的植物。强健的开花灌木有着丰富多彩的花朵，并且养护起来也很容易。对于家庭园林来说，在

选择开花灌木时要考虑植物的形状，花期和放置位置等问题。

很多时候，像山梅花或者紫丁香花都是不适合在

空间有限的家庭园林中种植的，它们生长的速度会很快。

很多开花灌木适合修剪，本例中的绣线菊就是这样的品

种，在其短截后可以修剪。修剪时间根据植物品种和特

性而定。一般来说，春天开花的品种在花谢后修剪，夏

天开花的品种在冬季修剪。

推移　植物伙伴（树木和攀藤植物）需要搭配其花朵和颜色，有一个时间上的推移。如夏季开花的攀藤植物与春季开花的树木相组合，秋季颜色搭配也很出色，那么就是一个完美的设计了。

竞争　空间越狭小，植物间对光、水、空气等条件的竞争就越激烈。攀藤植物应远离其他支撑植物。

相互融洽　对于植物组合，您需要好好计划。位置、植物种类和特性，花期都需要认真考虑，使其相互融洽。

组合　家庭园林中利用植物组合制造适合不同季节的场景，是非常明智的决定。同一个地点，有很多种植物组合的方式。传统的方式是使用攀藤植物，本例中蔷薇和树木就搭配得非常完美。

持久　家庭园林中植物造型可以使您的花园一年四季都按照您的愿望充满活力。

易于养护　如果将用来养护植物的时间统计起来，您会发现其实在造型花园中所花费的养护时间远远少于草地或者有苗床的花园。

选择种类　不是所有的植物都适合这样的花园。从园林学校，您可以得到相应的帮助。

组合　您可以利用花园中其他小的、没有修剪的植物进行组合，创造出树篱的形状，甚至大的造型。这样不仅可以节省费用，还可以给您带来无尽的乐趣。

造型花园　由于家庭园林空间有限，无法满足植物自由生长的空间要求，所以要对植物定期进行修剪。植物修剪是一门学问，并且要考虑植物的特性——购买一本专业书籍会对您有所帮助。对于有造型的花园来说，造型的保持也是很重要的。

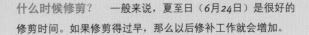

什么时候修剪？ 一般来说，夏至日（6月24日）是很好的修剪时间。如果修剪得过早，那么以后修补工作就会增加。

多久修剪一次？ 对于繁密和鲜明的植物造型来说，一年修剪两次足够。6月份修剪之后，9月份再修剪一次。

使用什么工具修剪？ 手动剪刀是理想的修剪工具。总的来说，修剪工具一定要锋利。对于大叶植物来说，尽量避免使用单手剪刀，避免造成手关节损伤。

　　常年保持造型 有造型的植物给您的花园提供了一年四季美的享受，特别是适合修剪造型的常绿植物，由于每年都换新叶并且生长密集，非常适合修剪造型。

　　一些花园的主人会认为这样会产生很多"工作"。其实相对于其他花园，造型花园的养护时间并不是很多。修剪时间要比经常清理杂草的时间少得多。此外，在造型花园中您可以充分发挥自己的想象力来打造植物造型。

115

菜园 高耸的苗床是传统种植果蔬的地方。本例中展示的是利用金属盆组成的苗床。植物的选择也很讲究，紫色羽衣甘蓝使本例中的花园充满了年轻的气息。

小建议

首先您要考虑，您的花园空间大小是否适合用作菜园。盆栽的香草、西红柿或草莓就比较适合小型花园。如今盆栽的蔬菜或水果比比皆是，您可以按照您的口味进行选择。

庄园　相对于菜园来说，庄园更能体现空间装饰和实用的特性。本例的设计方案中，水果、蔬菜、树篱和花卉有机地融为一体，独立并相辅相成地生长着。这种设计充分满足着花园主人的视觉与味觉。这里也是孩子的一本天然教科书，孩子可以在这里面学习到植物及健康饮食知识。

位置　关于种植位置您需要根据植物种类和特性来决定。一个合适的位置才能体现其装饰的价值。

颜色　颜色丰富的灌木和草的结合可以使花园充满活力。配合一些深色的植物，使它们之间相互辉映。

背景　灌木丛后边设置一排树篱、墙或者篱笆，效果会更加理想。设置树篱为背景时，树篱与灌木之间最好有半米的间距，这样布置既提供了修剪树篱的工作区间，又使两者的根部系统不互相冲突。

　　灌木林　灌木在园林设计中起着重要作用。在过去的十年间，人们在选择灌木植物时，不仅要考虑花园在几年后的变化，还要考虑与其他植物在形状和颜色上如何搭配的问题。有着花朵颜色的灌木往往被搭配得很失败。

　　富有创新的灌木设计是需要考虑空间中植物的整体性的。通过合理安排，使它们的生长方式、树叶形状、颜色在一年四季中都相互协调，这样才能使灌木发挥应有的作用。在秋冬季节，灌木也可以为花园带来生机，直至第二年春天的短截。可以说，灌木是花园中一年四季的装饰物。

季节　球茎和块茎植物像郁金香或水仙一样春天开花，夏天的时候像风信子和百合一样会在8、9月份开花，秋天会像秋水仙和秋番红花一样一直开放到10月底。

脱皮　球茎植物只有在其发黄的叶子完全脱落以后才会再开花。落叶的颜色和周围的灌木丛颜色相映生辉。

三角关系　您可以试试将三种花期不同的植物共同种植在同一地方。如将雪花、秋水仙和矾根花搭配在一起种植。

球茎植物　本例中的大花葱可以增加花园中植物的开花周期。这种富有生机的植物可以与其他植物——"矮沃克"花荆芥相互搭配；在灌木丛中或者下边种植，使得层次感分明。

121

香草乐趣 小花园中也可以种植香草植物。本例将为您展现，如何利用家庭厨房常用的传统的香草来装饰花园，如百里香（有很多品种）、柠檬香蜂草、鼠尾草和迷迭香等。种植这些香草的容器是一些生锈的金属盆，两侧的把手使人们自然而然地想到了厨房用品。3 个花盆的组合被放到了房子的一角，占用的空间很少。

种植香草非常重要的条件是要有足够的阳光。绝大多数的香草均是起源于南方地区，非常喜光。为了保持香草的生长形态，还需要经常对它们进行修剪。修剪时不是只摘掉叶子，而是要剪短生长的嫩芽。它会从新鲜的主茎上不断生长，两侧的嫩芽被剪短后会滋生新的分枝和叶子，经常修剪会使香草生长茂盛。我认为盆栽香草也是季节性的。由于鼠尾草、迷迭香这样的香草过冬后很难在盆中继续生长，每年春天不得不种植其他新鲜植物。不过，大多数香草还是很适合长时间盆栽的。它们除了具有迷人的香味，还有非常美丽的花朵。在阳光充足的地方，将香草植物和其他灌木组合在一起放在通向厨房的小路上，会是一种完美的展现。当然小路的位置要尽量靠近厨房，使人很容易采摘这些香草。但是要注意，一些香草如薄荷或苦艾，生长速度很快，所以不适合盆栽。

小建议

盆栽的香草对生长环境要求较高，除了要有足够的阳光外，还要有良好的透水性。积水的花盆是不适合的，建议您使用带有排水孔的陶制或黏土制的花盆。

竹子　过去十年间竹子一直是欧洲园林文化中的宠儿。关于这类坚硬、常绿的植物，园林主人总是会这么认为：竹子有着独特的形态、纤细的身姿，常绿的叶子和色彩绚丽的枝干等都具有装饰性的特征。这类极其坚硬的植物在植物学的分类中却不属于树木，而是属于一种草。近些年来，法律界对竹子制定了相应的法规：和周围建筑的距离限制不仅适用于树木，也适用于竹子。没有其他植物能像竹子一样引起这样大规模的争论。在讨论这些争论之前，要正确了解竹子在花园中的实际生长问题，并且要结合植物学知识。谁想在花园中种植竹子，就要对其植物特性、生长环境有所了解。竹子分为两类：独立生长型（根茎发达）和集体生长型（根茎主要围绕母体植物根茎）。90% 以上的花园建议种植独立生长型竹子，因为可以减少养护工作。

根挡　图中采用木板作为竹子的根挡，深入地下至少 60 厘米，地上 10 厘米。根挡围护面积至少 1 平方米，而且每年都要对其进行检查。根挡内的土壤要经常浇水并施肥。

修剪　有些竹子生长迅速，通过修剪可以使竹子的主干更加修长、美观。

信息　每个地方都有相应的规定和法规。在做园林设计前，您需要对这些法律进行了解，本例中的障景与邻近建筑的距离符合法律规定。

统一　这些法律、法规是保证邻里之间双方权益的。

谦让　德国法院处理邻里之间此类纠纷案件较多，很多花园主人甚至抱怨相邻花园中的绿颜色。

规定　在联排房屋中，绿化已经考虑到了这些法律、法规的规定。

合法　花园越小，距离邻近房屋越近。每个地方的法律均对花园中植物与邻近房屋之间的距离和高度制定了标准。根据法律规定，可以保证邻里之间的相互权益。本例中涉及的障景由双排树篱组成。除此之外，在花园边缘还种植了金钟柏，起到通风遮光的作用，使得夏季的花园隐蔽宜人。

家庭园林的美观与实用性

家庭园林中实用性元素 正如本章标题所示，这里要介绍一个成功的园林设计的重要特点。一个园林看上去应该是什么样子？这是我作为一个园林设计者从顾客那里得到的第一个问题。我也会问，您对外部空间的愿望是什么。这个问题的答案是整个成功设计的本质，那就是使园林主人在自己的园林空间中感到舒适。满足顾客愿望主要从两个角度出发：一方面是分析整个空间的可利用性，另一方面就是根据个人品位整体考虑空间的美观性。对于一个有孩子的年轻家庭来说，他们对花园的期望（沙地、游乐空间或者摆放玩具的空间）肯定和已经退休的老年家庭不一样。

拓展您的思维，相信您的眼光，根据自己的品位来决定您自己的绿色空间。尽管如此，还是有很多失败的设计案例，虽然美观，但是并不符合园林主人的品位。所以说，您要坚定自己的品位，并且设计符合自己需要的使用功能。在家庭园林中，美观和实用肯定会有所冲突，需要您使二者相互妥协和兼顾。

绿色餐厅 我们对于园林风格的期望取决于我们个人的品位。本例中的花园设计满足了一个享受者的要求。由树篱分隔出来的空间配上木质地板，看上去很像起居室的延伸。整个平面空间自然气息浓厚，修剪的竹子后面是树篱，周围还有灌木、草丛和玫瑰花。两个火点将此处的功能表现得淋漓尽致：一个是黑色陶瓷材料的烧

小建议

园林设计成功与否，与细致分析风格及使用愿望有关。将您的想法都写下来，花园作用、样式及以后的改变等，会对您的设计有所帮助。

烤点——一年中可以被多次使用。夏天可以邀请朋友一起在这里享受舒适的夏日时光。如果感觉有些凉的话，那么放在外边的壁炉就能起到作用，在这样的环境中，人们可以很快忘记日常工作的疲惫。所使用的桌子、壁炉和烧烤架都是出自同一材料，显得非常和谐。这种设计的前提是，花园主人非常喜欢野外烧烤。

传统风格 这个鲜明的园林设计充分体现了花园的使用功能。在这个小型花园后方是一个设计精巧、舒适的多功能房屋。玻璃墙外的树篱、大树和青草包容着这个巨大的建筑物。高处有大树来遮阳，明亮的小路和平台充分体现着主人的品位。

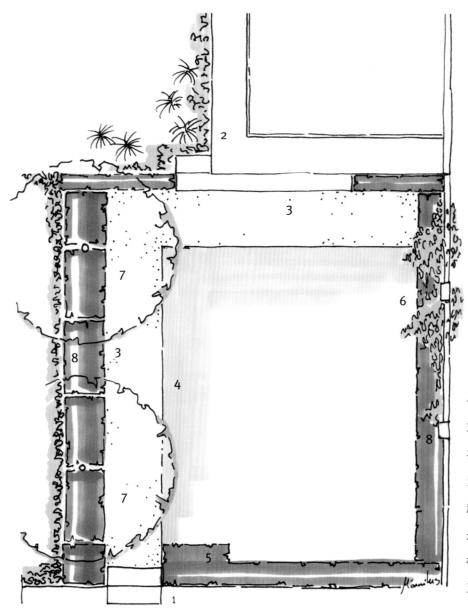

1　起居室旁的平台
2　相邻房屋的平台
3　碎石路
4　草坪
5　欧洲红豆杉
6　木板上的玫瑰
7　唐棣
8　欧洲鹅耳枥

室外办公室　也许您是一个自由职业者，或者是一个喜欢将办公室工作带回家的人。在家中您需要单独设立一个只为工作的空间，最好的地方是起居室，有条件的话，还可以是客房。这个空间与其他房间相对隔离，使您有一个安静的工作场所。您也可以将这个办公室设置在室外，欧美人给其定义为"室外办公室"，并且得到很多人的追捧。科学也已经证明，在室外绿色环境中办公会提高工作效率。本例中的设计就是一个室外办公室的成功例子。

花园中的建筑物可以按照您的喜好来建造，试着按照主体建造风格并根据您的品位来设计一间您喜欢的房屋。花园空间越狭小，建筑物整体性越重要。本例中用做办公室的房屋设计就非常成功，与主体建造有机地合为一体。

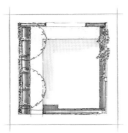

连接处 通向办公室的干燥碎石路面在任何时候行走起来都非常舒适。

外与内 小小的钙华石平台是办公室与花园的过渡，使人有一种放松的感觉。

这个花园平面设计非常合理，选用的材料也很讲究。房屋前是钙华石平台，台阶下是石子小路。这条小路旁是一个"L"形的草坪，草坪的两周由"L"形的树篱包围。沿着这条小路，拜访者不会直接走进办公室，而是要先通过台阶和平台。花园的左侧是树篱，右侧是带有木条装饰的墙，墙上攀爬着玫瑰花，园中的大树使得整个空间显得宁静、安逸。虽然花园中所使用的材料不多，但是整体效果非常出色。办公室建筑并没有紧靠主体建筑，给人一种独立感。

室外壁炉 花园中的壁炉是为傍晚准备的。本例中的花园室内外过渡鲜明,室内空间中主要布置座椅和壁炉。这个壁炉是符合室内安全要求的,加热时不会有烟冒出。

小建议

设立在外部的壁炉也要按照室内安装需要来设置。从专业的烟囱制造商或者公司那里,您可以得到关于使用许可和其他一些必要的信息。

烤火架 相对于壁炉来说，您也可以在您的花园中设立一个烤火架。这样一来，不会影响到邻居，也不需要特别的许可。这里为您介绍一个多功能的烤火架，同时也可以充当烧烤架。其周围设立了座椅，可以使人们在温暖的火焰旁享受烧烤时光。本例中所使用的浅颜色石材是否合适，有待人们的讨论。暗颜色、多孔的石材可能会更适合这个环境，清扫起来也比较方便。

遮阳　玻璃房屋和夏季绿色的大树可谓是完美的组合：大树茂盛的叶子在夏天可以遮阳，冬季落叶时又可以使充足的阳光通过。

魅力　复古的建筑材料，如石材、装饰物、窗户和门，将您的"植物房"装扮得富有魅力。

过冬　这个房屋很适合那些怕冷的植物过冬，使其在长达6个月的时间里保持常绿。

许可　对于这样一个花园里的建筑物，您也需要考虑一下是否需要建筑许可。

植物房　相对于冬季的玻璃房，还有一种被称为"植物房"的结构也越来越受欢迎。它既有温室的功能，又有防雨的优点。地点、大小、形式可任意改变，也很适合在家庭园林里设置。本例中遮阳的大树下是一个非对称结构的房屋。房屋由陶制砖砌成，并不是所谓的"玻璃房"。

　　单坡的玻璃屋顶可以使充足的阳光进入，较大的坡度有益于保持清洁。这样一个在花园里的房屋可以有很多使用功能，如阅读室、工作室或者种植植物。

绿化镶边　绿化镶边定义了植物区域。镶边材料往往会影响对花园的改造。

路石　为了划分苗床与草坪区域，人们一般使用一种叫"路石"的石材。它真正意义上的作用是保证最小30厘米的间距。

高差　绿化镶边材料均有一定的高度，所以要尽可能地使其显眼，避免人们绊倒。

绿化镶边　德国可以说是绿化镶边的发源地。不用多想，光从字面上就能理解，就是给绿色的区域镶一个边，从而使花园看起来整齐、干净。本例中将耐候钢作为镶边材料，使绿色区域轮廓分明，同时耐候钢镶边与钢制座椅的搭配也显得非常特别。

141

独立 随着年龄的增长，儿童没有必要时时刻刻地在父母视线之内。他们应该在大自然中有自己的空间。

持久 设立儿童房屋要有长远的眼光，要考虑下一代儿童是否还能使用这个房屋。

多功能 儿童设施要多样性，如用砖砌成的沙池，或者小的游泳池等。

儿童的权利 儿童应该有接触大自然的机会。很遗憾的是，现在很多园林都放弃使用适合儿童的设施。本例中造型优美的儿童房充分体现了儿童在大自然中的权利。

户外活动 园林设计中涉及最广的一个词应该是"户外生活"。这个英语外来词表达的意思很清楚，就是将平时房屋中的活动转移到户外，确切地说是转移到花园中。如今人们在花园中不仅仅只是吃饭或者聚会，还可以在户外厨房做饭、在户外办公室办公或者在户外大厅休息，这样做的目的很清楚，也很明确。城市里的人们慢慢地遗忘了对大自然的感觉。在封闭的空间待的时间久了，人们会向往自由的户外空间。有很多人虽然带着这个愿望，但是错误地使用了自己的户外花园。很多人还是认为花园只是用来观赏，并且是一项工作。对于年轻的花园主人，应该让他们了解，花园的草地是可以踩踏的，苗床的作用并不是强迫主人每周要锄一次草。

户外生活其实还有很多潜在的可能性，将大自然与人们的生活联系在一起。通过发展，户外生活的拓展会越来越广。就像其他的流行趋势一样，人们会根据自己的需要来对它进行拓展。毕竟，并不是所有的人都希望夏天在户外卧室里休息，或者在户外浴室里开始新的一天。

本例中展示的是将传统室内家具外置在室外，如这个多用柜，这样做之前需要一个精确的计划：所使用的家具要有很高的耐久性；柜子或抽屉要开关自如，并能完全关闭严实；除此之外还要考虑是否经济。

小建议

户外用的家具尽量选用可移动式的，如厨具、柜子或者座椅等，有利于一段时间后重新摆放，变换花园风格。

必要性 对于每个花园来说，除了装饰和艺术品之外，不可避免地还会有一些常用的工具和设施。垃圾桶、自行车架、车棚和工具储藏室，都是必备的设施。您需要将这些物品设计到您的花园中去。

本例中您看到的是一个适合小型花园的多功能设施。由槐木制作的防雨垃圾桶柜，同时还有储藏园林工具和日常工具（如玩具）等功能。推拉式的储藏室既实用又节省空间，整个结构简单，经济又实用。柜子顶部还能种植香草、如墨角兰、迷迭香、鼠尾草和百里香。所有的香草都种植在柜子上方的一个立方体空间中，使整个结构富有生机。土壤下面有一层防水膜，并且带有漏水孔。小的金属管可以将雨水或者灌溉水排出，保证木质结构干燥。

木结构 木材有着平价、易加工、装饰性好等优点。放置在室外的木质设施需要采用耐久性良好的木材，如柚木或者经过处理的硬木，如槐木或松木。

气味 垃圾桶应该能够封闭并且要远离座椅区域放置。夏天垃圾的气味会影响到花园里的人，甚至邻居。如果您的花园中没有条件将垃圾桶远处放置，那么您可以考虑为您的垃圾桶安装一个特殊的橡胶密封环，可以有效地阻挡气味。

家庭园林中的水元素

家庭园林中的水元素　水是我们星球上的生命之源，所有地球上的生物生存都离不开这个元素。观赏性园林的设计初衷就是将自然元素按比例缩小，使其和谐地位于园林之中，所以水元素从古至今都是园林设计的一个重要组成部分。伊斯兰国家的园林崇拜水元素，亚洲的园林处处都有水元素的影子，欧洲园林文化中池塘、河道、喷泉也比比皆是。如今，人们还将园林中的水看成放松和运动的象征。这也正是为什么很多园林的所有者将游泳池、水池计划在自己的园林之中的原因。

水在园林设计中的地位非常高，没有其他园林元素能够取代如池塘、水池在园林中的装饰地位。游泳池和户外淋浴给人们提供了一个隐私场所。水元素设计不受园林大小影响，小型的水池、微型水景或者冬天能够加热的游泳池都能够在空间有限的园林里找到自己的位置。

世外桃源　本例中的花园充分体现了水元素的重要性，如圆形的按摩水池和后边的游泳池，均为在有限空间中的成功应用。由马赛克装饰的按摩水池放置在三角形木质平台中间，旁边螺旋状的淋浴不仅实用，而且非常美观。

木质的平台是非常理想的日光浴场所，周围的天然石材墙保证了整个空间的隐蔽性。四周种植的植物，如红色叶子的鸡爪槭和竹子，衬托出精美手工设施与自然的完美结合。

这个完美的场景设计出自英国园林设计师朱莉·托
尔（Julie Toll）之手。这位英国园林设计师非常擅长运用
水元素，她的另一个设计"野外花园"曾经获得图多尔
罗斯大奖赛水景观大奖。

水音场景　流动的水会给园林带来额外的惊喜。自然界中没有比小溪潺潺的流水声更动听的声音了。这种净化心灵的场景可以以多种形式呈现，简单的水景可以布置在任何一个花园中。水景或水帘中的水缓缓流入水池或池塘，流动的形态和声音给人视觉和听觉上的享受。本例中的由天然石材砌成的水道，利用高差使水流向花园中部，是非常理想的园林装饰。

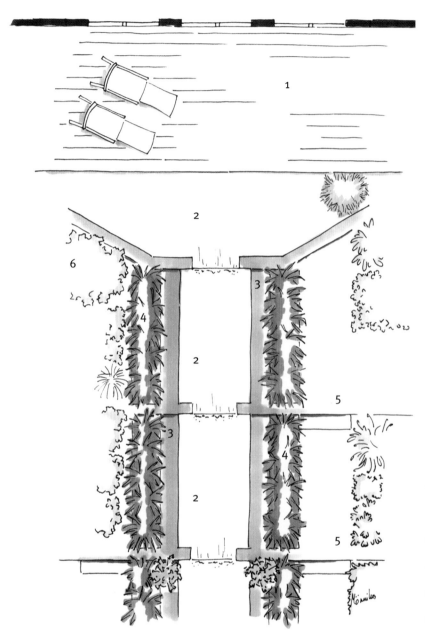

水轴线 这个优美的私人园林由塞巴斯蒂安·杨森（Sebastian Jensen）设计。杨森将自然流动的水设计成一个水轴线，将自然与人工的直线有机地结合在了一起。水由高到低一级一级地流入不同大小的水池。两边是 5 月开放蓝色花朵的西伯利亚鸢尾，芦苇状的叶子即使不是在花期也很适合装点这个水池。选择这样的植物可以说一年四季都适合，秋季西伯利亚鸢尾的叶子会变成黄铜色；即使到了冬季叶子也不会脱落，一直保持到第二年开春。

1	平台与座椅区	4	西伯利亚鸢尾
2	水池	5	通向花园的台阶
3	天然石材收边	6	灌木丛

家庭园林中几乎没有自然形态的小溪，由于空间的限制，您不必考虑将小溪按照自然形态来建造。正如本例中的花园一样，您也可以将小溪设计成长方形。相对于自然界中的小溪，花园中的流水还需要技术上的支持，也就是说足够的水量和合适的水泵。水泵应该设置在容易接近的地方，有利于维护工作的进行。除此之外，您还需要有一个过滤装置，使小溪中的水常年保持清净。过滤系统您可以咨询专业公司，他们会有很多不同的样式供您选择。

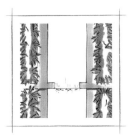

朴素 明显的装饰元素，如这个长方形的小溪，需要有植物的搭配。本例中西伯利亚鸢尾与小溪的搭配可谓完美。

流动的水在黑暗中配上观赏性的灯光，会使您的花园更加迷人。照明系统的安装要考虑到灯光不能影响观赏者的视线。还有一条规律：少而精。有的时候点状分布的灯光能起到完美的装饰效果。

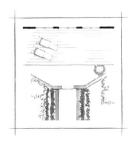

相互协调 长方形的小溪，直线形的设计和花园中的平台需要相互协调。

手工艺 本例中的长方形水池极具艺术性。水池四周是由沙石板和用马赛克技术铺设的灰色碎石面组成，最外一圈是鹅卵石带。在水池旁设置了一个雕塑造型，是花园的中心。

小建议

在使用水元素和雕塑组合的时候，您需要用艺术的眼光衡量两者在一起是否和谐。雕塑的形状、颜色和材料的选择都需要仔细考虑，在这方面您可以从造型艺术家那里得到帮助。

艺术品 在园林设计中水和艺术的组合可以得到意想不到的效果。从古至今，这种组合一直在被使用着。在家庭花园中，这种组合也可以起到非常好的装饰作用。本例中的花园设计将为您呈现一个水与艺术的完美组合。园中的水池不仅仅是用来折射雕像的，其本身就是一件艺术品。水中挺立的两株带有蓝色花朵的梭鱼草，将水池装点得恰到好处。

形态　水池的形状可以根据其周围环境、植物形态进行设计。

大小　在空间有限的园林中，水池的大小并不是很重要，但是总的来说，水池越大，效果越好。

定位　水池的位置由整体规划而定。您可以尝试水池与其他元素相结合，如座椅区域等。

材料　精巧、现代的材料有很多，如混凝土、钢材。在一些地方，人工材料也是值得推荐的。

　　新潮　水池也可以设计在现代感十足的园林中。在本例的花园中，空间中心位置的长方形混凝土水池设计得极具创新精神。精巧的水池与周围的植物形成了鲜明的对比。

形态　经典的水池形状是对称形的。水池也可以设计成圆形或三角形。将长方形水池的顶端设计成为半圆形，更能突出经典的形态。

大小　传统的水池追求越大越好，但是需要注意的是，设计时要预留足够的道路和植物空间。

定位　传统的设计要将水池尽可能地贴近房屋。垂直于或者平行于房屋，以您的花园实际空间条件而定。

材料　天然石材或者陶瓷材料都是很适合制作传统形式水池的材料。

经典 家庭园林中带有形状的水池应尽可能的简洁，其形态、大小、定位和材料都会影响整个园林的风格。

本例中的混凝土水池设计得恰到好处，完全融入了整体设计风格中。

深入 可以将水面与座椅联系起来。本例中种有睡莲的池塘上铺设了一个由木板组成的平台，将人与水元素的距离更拉近了一步。

平台 坐在池塘边缘水面上方的木板上，给人一种漂浮感。

睡莲 池塘边缘种植睡莲时，应该避免睡莲叶子的位置扩展到整个水面。

苗床 区别于自然池塘边上的土壤，人工池塘周围的土壤一般非常干燥。请您在选择植物品种时注意这一点。

双重形式 水池边有座椅，两者应该保持相同的风格。本例中的长方形水池边上搭配的也是长方形的休息区域。由天然石材砌成的长方形水池中央竖立着一个碗状的喷泉，使整个水池显得典雅精致。整个园林设计和谐之处还体现在了休息区中的座椅上，蓝灰色涂有清漆的木质座椅给拜访者一种宁静与舒适的感觉。

池塘边上的休息区 这个狭小的休息区域被植物环绕，在这里人们可以休闲地度过一整天时光。添加一个水面，会提高整个环境的舒适度。如果您想在您的花园中设置池塘或者水池，那么旁边的座椅最好固定好。

小建议

在选择池塘或水池周围的植物时，要考虑到水面不能被植物遮挡。池塘前的植物不要太高，以免影响座椅上人们的视线。池塘四角种植一些植物，如图中的洋地黄，可以增加花园的情趣和美感。

165

建造 尽管没有形状上的要求，但是池塘的设计也要考虑美观性。利用薄膜材料会比砌砖或者混凝土要经济得多。

过滤 在避光的池塘环境下，池塘中的植物可以起到对水进行过滤的功能，不需要附加其他过滤设备。但是在阳光充足的池塘里，仅靠植物是无法满足过滤要求的，需要附加过滤设备。

包围 由薄膜修成的池塘致命的弱点是其四周。最好不要选用各种各样的碎石或相似材料作为池塘的边缘，精致的石板或者青草都是不错的选择。

花园池塘 20 世纪 80 年代，在生态学的影响下，人们被号召在自己的花园中建造生态池塘，导致如今人们对池塘失去了兴趣。其实对于家庭园林来说，形状不规则的池塘有着很好的装饰效果。

本例中富有亚洲格调的花园中设置了一个池塘，周围的矮树和天然的石头充分体现了大自然的气息。水中植物的数量也不多不少，恰到好处，植物的叶面不会覆盖整个水面，人们从任何角度都能观赏平静的水面。

水观 其实利用水观装饰园林时并不需要很多花费。水池中加设一个水管，使水通过其流出，一个简单而精巧的水观就这样制作完成了。这样的小型喷泉不仅美观，听水流动的声音也是一种特殊的享受。

小建议

水观本身就是一个造型艺术品，请不要在它周围放置过多的植物或者装饰品。水观材料也尽量选用精致、自然的材料。本例中黑麦冬与水观喷泉的搭配非常完美。

水观 根据空间大小、个人品位和经济预算的不同，也可以选择结构复杂并且昂贵的水观。本例中的水观由不锈钢材料立方体容器和钙华石砌成的水池组成。水池自上而下呈阶梯状，当水流过时形成几个小瀑布。瀑布的水通过台阶后流入最下边较大的水池中。现代化的设计和传统的瀑布场景互相结合，形成了花园中最吸引人的景观。

动感　一般花园中的游泳池会使游泳爱好者感到失望。对于他们来说，泳池的长度太短，但是距离较长的泳池也只是在夏天为人们提供游泳的场地。本例为您展示如何在一个只有 150 平方米大的花园中设置一个游泳池。游泳池和木质平台沿空间边缘围成一圈，游泳者不必再为经常折返而感到烦恼了。

游泳池 小花园中的游泳池。对于设计者来说，这种个人意愿无疑是具有挑战性的。对于游泳爱好者来说，无论花园空间大小，能够在自己家的花园中拥有一片属于自己的游泳空间，是每个游泳爱好者的愿望。

小建议

通过时尚的泳池面积设计，可大大提高您家庭花园的使用效果。但您需要注意的是，其造型和尺寸要适合于每个家庭成员。为方便一年四季的使用，室外游泳池应设计为可加热模式。卧室和浴室面积的连接工作，您可以在任何时间完成。

装饰性水元素 设计精巧、风格独特的装饰性水元素适用于装点各式各样的园林。本例中的水池具有多功能特性。造型简洁的长方形水池成为了整个花园的中心。水池的中央是由柚木材料围成的植物区。在这个正方形的苗床上没有水的侵入，上边种植的也不是常见的水生植物，而是耐旱植物，苗圃的中央种着一棵橄榄树。夜晚的时候，这个花园的中心有灯装饰。在明亮的红色墙体中央伸出一个不锈钢的托盘，从这里水像瀑布一样流入同样由不锈钢材料围成的水池。墙的两侧设有三级台阶通向上边由木板搭成的休息平台。通过抬高平台，使这个休息区显得更加独立、舒适。这个花园也体现了一种设计风格，就是在有限的空间中，将两个风格完全不一样的区域和谐地组合在一起。在碎石围成的区域，人们可以尽情地享受大自然。后面隐蔽的休息区可以用来招待客人，放松紧张的工作情绪。

多功能 本例中红色的墙有着不同的功能：在前面有水观瀑布的效果，制造瀑布效果的电机、水泵和过滤装置都被埋入到了墙体中，并且能从墙后面很轻松地对它们进行修理。夜晚通过灯光照射，会呈现出迷人的效果。

运用元素 通过在水中制造一个完全与水隔绝的小岛，使种植像橄榄树这样的植物成为可能。与周围的碎石一起，这个三部曲式的设计充分体现了元素之间和谐的关系。

附录

选择合适的植物 由于树木在家庭园林中是重要的组成部分，关系到整个花园的设计风格，所以您需要在设计时了解一下树种及其特性。包括柔弱的树种和适合长久修剪的树种。树木还有一些显著的特点，如在生长过程中叶子颜色会在秋天发生变化，这样的树种非常适合在家庭园林中使用。如何正确选择合适的树种，避免由于选择不当导致设计失败，您需要掌握一些植物学知识。为了选择您花园中的"长久的朋友"，以下几点需要您特别注意：

- 生长形态

- 环境要求

- 适合修剪

- 全年观赏价值

175

持久性　在私人花园中选错植物种类的事情很多。一般的情况是所选择的植物看上去并不好看，也就是说，它的形态、花朵或者其他特点并不是您所期望的，和您的设计风格不符。如果您长时间不解决这样的问题，那么结果很可能是更换植物种类。更换植物有的时候并不是那么简单，移动一棵大型植物，有时您需要借助铲车的帮助。

还有一种情况可能造成经济上的损失，那就是植物生长速度过快，不断地扩张造成道路、墙、台阶，甚至房屋遭到破坏。惹人喜爱的圣诞树就是这么生长的，如北极松，随着时间增长，很快就会长成比房子还高的参天大树。一开始看着小树成长的喜悦心情慢慢地就会变成一种恐惧。慢慢地，它会占据自己，甚至邻居家的空间，同时它也威胁着园林中其他植物的生长，总有一天您会问，这样下去的话会不会有危险？在过去的一年，树木导致坍塌的事件已经在很多家庭的花园中出现了。

选择植物种类，正确的做法是，在了解园林大小、个人品位后，去园林学校通过学习选择自己喜欢，并且适合的植物种类。近些年，出现了很多适合在家庭园林中种植的植物种类。它们有可能是未来十年中您花园中的一员。

耐心和投资　在选择植物种类上，一个经常犯的错误就是一开始选择过多生长快、价格便宜的品种，所以很多没有经验的园林爱好者喜欢购买像樱桃树或者金柏等在很多地方非常便宜的树种。

飞快的生长速度令人振奋不已，短时间内树篱变得茂盛，障景也初具规模。但是好景不长，慢慢的园林主人会希望植物不要再生长。由于生长过快，养护工作也不断增加，树篱每年要多次修剪，到那时就会体会到了当初购买生长迅速的植物的缺点。如果不修剪树篱，它会没有形状地生长扩张，显得非常散乱。

　　当您在设计花园的时候，请务必将眼光放得长远一些。有一些树篱或者造型植物，它们可能会保持形状长达 10 年之久。也有一些植物如紫杉，生长速度慢且适合修剪。虽然这些植物价格不菲，但是能为您节省今后几年的养护费用。此外，一些单一树种也有着自身的优点，如鲜艳的花朵，造型优美的叶子和秋天彩色的叶子等。还有丁香花，会给您的花园常年带来生机。从附表中，您可以了解更多关于树木种类的知识，特别是可修剪的植物。

小建议

根据您的爱好来选择合适的植物品种。如日本的蝴蝶戏珠花，虽然迷人，但是这种外来品种是否适合种植，还需要个人做决定。还有就是在种类的选择上，您需要考虑其生长形态和外观是否合适。

适合空间有限园林的植物

名称	高度	单株	养护	倾角	常绿	花朵颜色	叶子变色	备注
北美花茱萸	5~8米	是	少	无	否	白, 粉	鲜红	珍贵树种
羽毛枫	1~1.5(2)米	是	少	无	否	绿/无	金黄	生长缓慢
陕甘花楸	3~4米	是	少	无	否	白	红	极具观赏性, 白色果实
富士樱	1.8~2.4米	是	少	无	否	嫩粉	黄至红	生长茂盛
福瑟吉拉木	2米	是	少	无	否	白	黄至红	秋季叶子颜色非常迷人
吊钟花	2~3米	是	少	无	否	粉	黄至红	适合酸性土壤
少花蜡瓣花	1~1.5米	是	少	无	否	黄绿	黄	早春开花
球状植物（如槭树、刺槐、柳树、梓树）	由品种而定	是	规律	无	否	不同	不同	耐修剪
柳树 （杨柳属）	由品种而定	是	规律	有/无	否	银	黄	用途广泛
美国木豆树	至15米	是	规律	无	否	白	黄	耐修剪
灯台树 "银雪"	3~4米	是	少	有	否	黄	黄至橙	白绿色叶子, 亮红色可食用果实
桑树（桑属）	至10米	是	规律	无	否	绿/不显	黄	耐修剪, 果实可食用
椴树（椴属）	至30米	是	规律	有	否	绿	黄	耐修剪
酸模树	至10米	是	少	无	否	白	火红	酸性土壤, 外观独特
栾树	5~8米	是	少	无	否	黄	黄至橙	绿色果实
拉马克唐棣	至8米	是	规律	无	否	白	黄至红	外形美观, 果实可食用
东瀛四照花	5米	是	少	无	否	乳白	黄至红	外形美观, 花朵大, 观赏性果实
红山紫茎	至10米	是	少	无	否	白	橙至红	花朵大, 观赏性果实
蝴蝶戏珠花	3米	是	少	无	否	白	暗红	生长缓慢, 喜水
加拿大紫荆	4~8米	是	少	无	否	暗粉	亮红	叶子造型美观、独特
欧洲卫矛	3~5米	是	规律	无	否	不显	红至粉	果实色彩鲜艳
黄栌	3~4米	是	规律	无	否	绿	亮红至橙	羽状果序

生长缓慢型植物

耐修剪植物

多样性植物

名称	高度	单株	养护	倾角	常绿	花朵颜色	叶子变色	备注
茶条槭	6~8米	是	少	无	否	绿	金黄至紫	抗旱
鸡爪槭	2~8米	是	少	无	否	红/不显	黄至红	高雅
日本槭	3~5米	是	少	无	否	紫/不显	红至紫	叶子非常美观、独特
多花蓝果树	至15米	是	少	无	否	绿	火红	生长缓慢
日本早樱	2~5米	是	规律	无	否	白至粉	橙黄	冬季开花
星花木兰	3米	是	规律	无	否	白	黄	春节开花,花量丰富
海州常山	3~4米	是	多	无	否	白	黄	红色果实,喜高温
七子花	4~6米	是	少	无	否	白	黄至红	花朵芬芳,树皮独特
蜡梅	4米	是	少	无	否	黄	黄	冬季开花,花朵芬芳
夏蜡梅	2~3米	是	规律	无	否	粉	黄	花型大,苹果绿叶子
墨西哥橘	2~3米	是	少	有	是	白	无	花朵,叶子带有香味
中裂桂花	3~4米	是	规律	有	是	白	无	花朵芬芳,耐修剪
日本十大功劳	2~3米	是	少	无	是	黄	无	冬季开花
日本茵芋	1.5~3米	是	少	无	是	白	无	花朵芬芳,果实美观
钝齿冬青	2米	是	规律	有	是	绿	无	树质坚硬
葡萄石楠	0.5~3米	是	少	有	是	白	亮红	不同种类,叶子形状不同
欧洲鹅耳枥	至20米	是	规律	有	否	绿	黄	青绿色树篱
欧洲红豆杉	至20米	是	规律	有	是	无	无	优秀的树篱材料,有毒
葡萄牙桂樱	至15米	是	规律	有	是	白	无	高雅
冬青属	至10米	是	规律	有	是	无	无	不同种类,叶子、果实形状不同
水青冈	至30米	是	规律至多	有	否	无	粉	过冬后换叶
小檗属	0.5~3米	是	规律至多	有	是/否	白	亮红	带刺

秋季变色植物

生长缓慢有花植物

生长缓慢常绿植物

适合做树篱和修剪植物

图片声明

图书在版编目（CIP）数据

家庭园林的设计与布置 ／（德）杨克著 ；李安
译. — 北京 ：北京美术摄影出版社，2014.5
ISBN 978-7-80501-581-1

Ⅰ．①家… Ⅱ．①杨… ②李… Ⅲ．①庭院—园林设
计 Ⅳ．① TU986.2

中国版本图书馆CIP数据核字(2013)第264412号

北京市版权局著作权合同登记号：01-2012-5345

责任编辑：董维东
执行编辑：刘舒甜
责任印制：彭军芳

家庭园林的设计与布置
JIATING YUANLIN DE SHEJI YU BUZHI

[德] 彼得·杨克　著

李安　译

出　版　北京出版集团
　　　　北京美术摄影出版社
地　址　北京北三环中路6号
邮　编　100120
网　址　www.bph.com.cn
总发行　北京出版集团
发　行　京版北美（北京）文化艺术传媒有限公司
经　销　新华书店
印　刷　天津图文方嘉印刷有限公司
版印次　2014年5月第1版 2021年8月第8次印刷
开　本　210毫米×270毫米　1/16
印　张　11.5
字　数　180千字
书　号　ISBN 978-7-80501-581-1
定　价　58.00元
质量监督电话　010-58572393